森でつながる
エゾモモンガ

命の
つながり
8

写真・文
原田佳実

しんと静まり返った、北海道の夜の森。
「ヒュン」と、頭上を何かが通りすぎました。
ハンカチのような、小さな座布団のような、四角い形。
いったい、何だったのでしょうか？
森の中を少しのぞいてみましょう。

エゾリス

エゾライチョウ

広葉樹や針葉樹が交じり合った森には、

リスやシカ、ライチョウなど、

たくさんの生き物がすんでいます。

北海道の秋はかけ足です。
動物たちはそれぞれ冬支度を始めています。
エゾリスは夏毛から冬毛に変わり、
エゾシマリスはほおぶくろいっぱいに
食べ物をつめこんで、
冬眠の準備に大いそがし。
しかし、ハンカチらしきものは
どこにも見あたりません。

エゾシマリス

エゾシカ

夏の間に生いしげっていた葉が落ちるこの季節は、
暗い夜の森でもある程度、
動物を見つけやすくなります。

おや？
ハンノキの木の上で
何かが動いているようです。

「何か」が枝先からふわりと落ちてきました。
この間の、あのハンカチです。
ようやく会うことができました。

ハンカチの正体はエゾモモンガだったのです。
エゾモモンガは大きな木の幹に着地すると、
枝に移動してハンノキの枝から取ってきた雄花を
夢中になって食べ始めました。

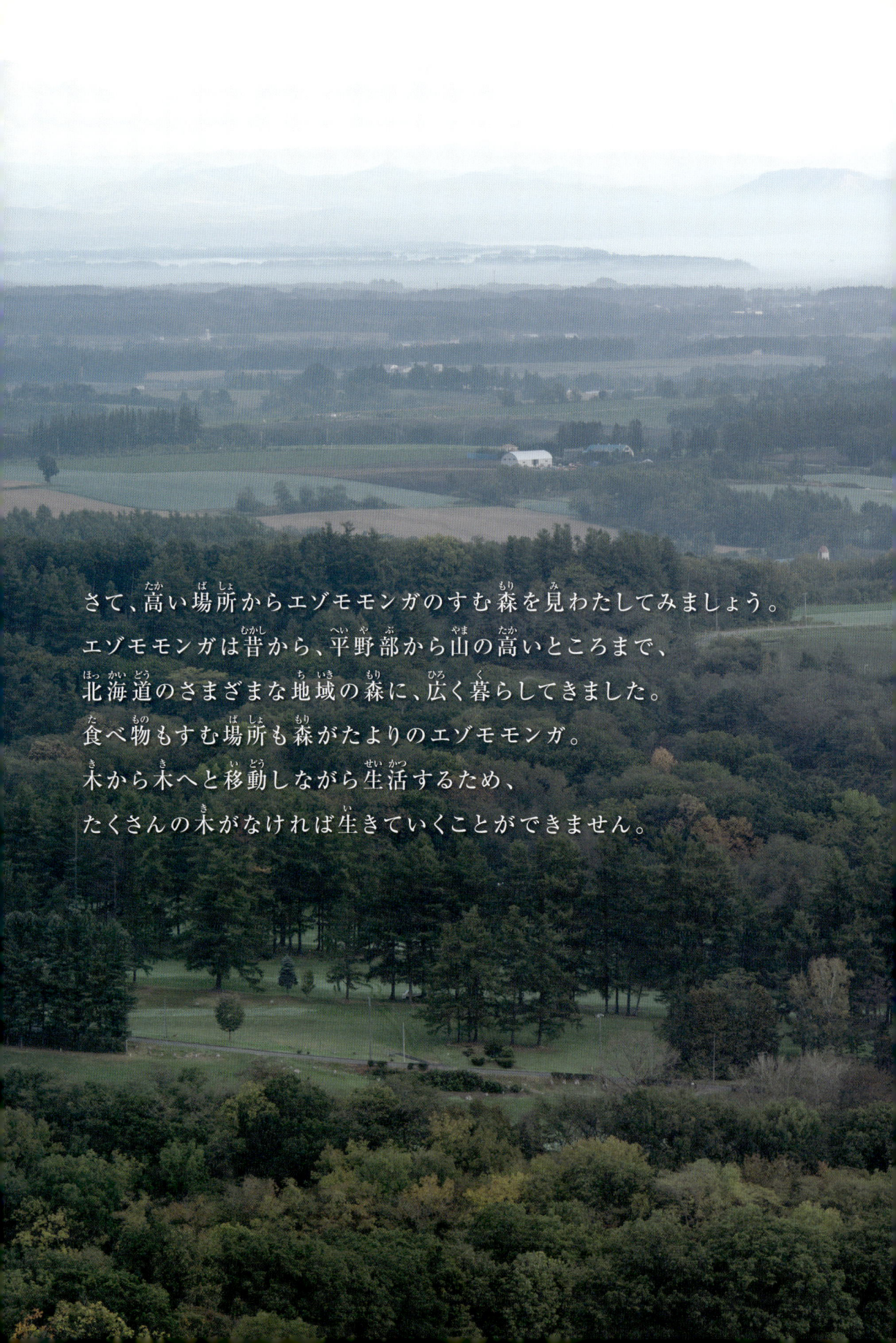

さて、高い場所からエゾモモンガのすむ森を見わたしてみましょう。
エゾモモンガは昔から、平野部から山の高いところまで、
北海道のさまざまな地域の森に、広く暮らしてきました。
食べ物もすむ場所も森がたよりのエゾモモンガ。
木から木へと移動しながら生活するため、
たくさんの木がなければ生きていくことができません。

しかし、今では多くの森が切り開かれ、
エゾモモンガが生活できる場所は、せばまっています。
そのため、市街地にある神社や公園、防風林など、
人の手の入った場所にもすみかを作っていることがあります。

エゾモモンガはリスの仲間ですが、
日中に活動するリスとはちがって、
暗い夜の時間帯に動き回る夜行性の動物です。
そのすみかは大きな木。
幹の直径が30センチメートルをこえるような木に空いた穴の中で、
太陽がしずむまでねむっています。

あたりが暗くなるころ、エゾモモンガが起きてきました。
外の暗さは十分か？ 危険はないか？
確認してから、そっと巣穴の外へ出ます。

外へ出たらまずは幹に張りつき、
しっぽをクイッと持ち上げてトイレタイム。
「ポタポタ……ポトトトトッ」と、
おしっこやうんちをする音が小さく聞こえます。
そのあとは、すぐに食べ物を探しに行くものもいれば、
毛づくろいをしたり枝でじっと物思いにふけるものもいたりと、
それぞれに時間を過ごします。

そうして夜の間、
巣への出入りを
くり返しながら、
日の出の30分ほど前、
まだ鳥も起きてこない
うす暗いうちに
すみかへもどり、
その日の活動を終えます。

木の高いところまで登り、勢いよくジャンプ！
4本のあしを思い切りのばし、
前あしと後ろあしの間についた
「飛膜」を開いて風に乗ります。
目当ての木までゆるやかに降下すると、
幹にぺたりとしがみついて着地。
「飛膜」を生かした
この「滑空」という方法で、
木から木へと自由に移動することができます。

飛膜を開くところ

エゾモモンガは、
活動時間のほとんどを食べることに使っています。
おいしそうな葉を見つけると、
前あしで器用に枝をつかんでななめにかみ切り、
食べられるところだけ食べてあとはポイっと捨ててしまいます。

ある冬の夕方。
目覚めたエゾモモンガたちが、
おし出されるように次々と巣穴から出てきました。

この日はとても寒かったので、
たくさんのエゾモモンガが集まって同じ巣穴でねむっていたようです。
せっかくなのでご飯もみんなで食べることにしたみたい。
何びきいるか、わかりますか？

とつぜん、「ゴォッ」と風のうなる音。
風を切りさき大きな羽を広げたそれは、
エゾモモンガのいる木の近くへ降り立ちました。
クマタカの幼鳥です。
のんびりと食事をしていたエゾモモンガはおどろいて、
一目散にエゾマツの葉のしげみへにげこみます。

「ぱきり」とクマタカが枝を折る音がひびく、
きんちょうの時間。
エゾモモンガは夜の暗がりにとけこみ、
クマタカがいなくなるのをじっと待ちます。
しばらくすると再び羽を大きく広げ、
クマタカはその場から飛び去りました。

それは、小さくか弱いエゾモモンガを
おどろかせるには十分な出来事でした。
その日からしばらくの間、
エゾモモンガは姿を見せなくなりました。
天敵と出くわさないよう、
真っ暗な夜中にだけ行動するようになったのです。

3月の半ば。
恋の季節がやってきました。

この日は昼間から
森にそわそわしたふんいきが
ただよっていました。
メスのいる木に、まだ明るいうちから
オスたちが集まっています。
オスたちはメスのなわばりの外や、
少しはなれた別の森からも
はるばる木を伝ってやってきて、
しきりに「ヂィヂィ」と鳴いています。

明るい時間には
危険があると知っていても、
恋を実らせるため、
この季節にはこうした行動を
取ることがあります。

このころのエゾモモンガは
少し顔つきが険しく、
しんけんな表情をしています。
1ぴきのオスが
メスの巣穴を訪ねてみるも、
追い返されてしまいました。
ほかのオスに
負けるわけにはいかない！ と
必死にメスを追いかけ回しますが、
いくらアプローチしても
メスの準備が整わなくては
交尾はできません。

メスは、オスを受け入れる準備が整うと、
幹に張りついてオスを待ちます。

やっとつかまえた！
オスが急いで飛び乗りますが、残念。
じゃまが入りました。

日が暮れるころ、
ようやく二人きりに
なることができました。
一日中追いかけっこをして、
2ひきとももうクタクタ。
夜まで少しの間、
休けいすることにしたようです。

その日の夜。
先ほどのカップルが出てきて交尾を始めました。
命を確実につなぐため、
夜中のうちに何度も交尾をくり返します。
交尾を終えたオスは
自分のなわばりへともどっていきました。
メスのまわりにはもうだれもいません。
赤ちゃんを産み、育てるのは
すべてメスの役割です。

それから十日ほどが経ちました。
森に暖かな日ざしが降り注いでいます。
1メートル近く積もっていた雪が急速に解け始め、
小川のせせらぎと小鳥たちの楽しそうな声、
クマゲラが鳴き交わしながら木をつつく音も聞こえてきます。
北海道のおそい春も、すぐそこです。

クマゲラ

エゾシマリス

エゾリス

5月。エゾモモンガのすむ森に
ようやく春がやってきました。
エゾシマリスは冬眠から目覚め、
クマゲラやエゾリスは
子育ての真っ最中。
やんちゃ盛りの子どもたちは、
外に出たくてうずうずしています。
池にはエゾアカガエルの卵が
いっぱい。
新しい命が次々と生まれ、
春の森はとてもにぎやかです。

エゾアカガエルの卵

アカゲラ

一方、エゾモモンガ。
ちょうど赤ちゃんが生まれるころですが、
こちらはお産も子育ても巣穴の中。
赤ちゃんが生まれてからしばらくは、お乳をあげるために
お母さんも長い時間、巣の中にとどまっています。

このお母さんは、昼間に巣穴から顔を出して、
ねむたそうに外をながめていました。
赤ちゃんのお世話でつかれているのか、毛はボサボサです。
あと一か月もすると赤ちゃんの目が開き、
その五日後には巣から出てくるようになります。

別の場所ではオスが必死に鳴いていました。
エゾモモンガの恋の季節は、春から夏の間に２回あります。

このオスはもしかすると、
春にカップルになれなかったのかもしれません。
ひとしきり鳴いたあとは、
意中のメスを追いかけて森のおくへと消えていきました。

6月の半ば。
まだだれもいない明け方の公園の中、
巣穴で身をよせ合っているエゾモモンガの親子に出会いました。
ちょうどお母さんが食事を終えて巣へ帰ってきたところのようです。
すむための木、移動するための木、
食べ物を生み出してくれる木があれば、
エゾモモンガはこうして町中でも暮らすことができるのです。

ある日の午後でした。大きなゆれと音。
親子がびっくりして外へ出ると、
すみかにしていた木があっという間に
切りたおされてしまいました。

公園など人の手によって管理されている場所では、
たとえ生き物がすんでいる木でも、切られてしまうことがあります。
鳥や動物が利用している木は中が空洞になって弱っていることが多く、
突然たおれると人間がけがをする危険があるからです。
すみかを追われたエゾモモンガの親子はどこかへ行ってしまいました。

7月。北の国に短い夏がやってきました。

エゾモモンガの子どもが巣穴から顔をのぞかせています。

すんでいた木がなくなり、行方がわからなくなっていた子です。

森を伝ってお母さんや兄弟とともに引っこし、無事に成長していました。

お母さんや兄弟と過ごせる時間もあとわずか。
巣立ったあとは、すむ場所を自分で探し、
一人で食べ物を調達し、
自然のきびしさにも自ら立ち向かわなければなりません。
でもきっとだいじょうぶ、また会えるでしょう。
だって、森でつながっているのですから。

エゾモモンガのこと、もっと知りたい！

Q1 モモンガはリスの仲間って本当？

A1 モモンガはリス科の動物です。日本には、本州から九州にかけての地域で3種（ニホンリス、ムササビ、ニホンモモンガ）、そして北海道に3種（エゾリス、エゾシマリス、エゾモモンガ）、計6種のリス科の動物が生息しています（外来種を除く）。中でも、エゾモモンガとニホンモモンガ、そしてムササビは主に夜間に活動し、木から木へと飛び移る「滑空性」のリスです。

Q2 エゾモモンガのとくちょうは？

A2 エゾモモンガの頭から尻までの長さは、15〜18センチメートルほど。尾は約10センチメートルで、平べったい形をしています。体重は80〜120グラムほどと軽く、前あしと後ろあしの間についた「飛膜」を利用して、木から木へと滑空します。毛の色は、冬は灰色ですが夏はうすい茶色に変わります。

本州にすむニホンモモンガの見た目は、ほぼエゾモモンガと同じです。ちなみに同じように滑空性のリスであるムササビは、毛色が茶色く、ほほに白い線があります。体の大きさはモモンガの約3倍。ムササビが飛膜を広げて飛ぶ姿は「座布団」、モモンガは「ハンカチ」に例えられます。

左：エゾモモンガ
背中にぺたりと付けた尾は滑空するときにのばす。

右：ムササビ
頭から尻までの長さは25〜50センチメートルほど。尾は約30〜40センチメートルと、太くて長い。体重は700〜1200グラム。

Q3 エゾモモンガとニホンモモンガはどうちがうの?

A3 A1で説明したとおり、北海道にはエゾモモンガが、本州・四国・九州にはニホンモモンガが暮らしています。これらは見た目はよく似ていますが、体や骨の形、遺伝子にちがいがあります。エゾモモンガは数十万年前、ユーラシア大陸から氷の上をわたり、日本にやって来ました。一方、ニホンモモンガはアジア大陸からやって来たと考えられています。その分布は「ブラキストン線」と呼ばれる、津軽海峡を通る見えない線によって分かれています。

Q4 エゾモモンガはどんな物を食べるの?

A4 エゾモモンガは広葉樹(ハンノキやヤナギなど)や針葉樹(トドマツやカラマツなど)の葉や芽、種子など、季節に応じた植物を食べて暮らしています。春は芽ぶいたばかりのやわらかい広葉樹の葉を食べ、夏から秋は栄養価の高い実や種子を積極的に食べて寒さのきびしい冬に備えます。冬はハンノキの雄花やトドマツの葉などでうえをしのぎます。また、植物だけでなく昆虫も食べることがあるようです。

左:ヤナギの若葉(春)
右:ハンノキの雄花(冬)

Q5 どのくらいのきょりを、どんなふうに飛ぶの?

A5 エゾモモンガは、鳥のように羽ばたいて空を飛べるわけではありません。木の高いところまで登って飛膜を広げてジャンプし、尾でかじを取りつつ、ゆるやかに落ちながら目標の木の前でわずかに上昇して着地します。これを「滑空」と言います。飛び出す木の高さによっても変わりますが、最長で50メートルほどのきょりを滑空することができるようです。

Q6 エゾモモンガは家族で暮らしているの?

A6 エゾモモンガは、親元から巣立つとそれぞれがなわばりをもち、春から秋にかけては単独で行動します。しかし冬になると、大きめの木のほら穴に、血縁関係のないいわば「他人同士」がいっしょに暮らすことがあります。きびしい冬をこえるために、身をよせ合うことで体温を保っているのではないかと言われています。私は、最大で12ひき入っている巣穴を見たことがあります。次から次へと穴から出てくるエゾモモンガたち。ワクワクしながら観察していたのですが、翌日は10ぴき、その次の日は6ぴきと、日によって数はバラバラでした。気温や気分、どのくらい遠くまで出かけたかなど、さまざまな理由で、その日の巣穴を変えていたようです。

Q7 巣穴はどんな場所にあるの?

A7 巣穴にするのはキツツキの仲間が空けた穴や、枝が折れて自然にできたほら穴などです。私が見ていた場所では、地上から2～3メートルほどの位置にあり、南西の方角に空いた穴を利用していることが多かったです。入り口の大きさはだいたい4～6センチメートルほど。また、木の内側の水分が冬の寒さでこおって木がさけることでできた穴を、巣や一時滞在場所として利用することもあります。このようなほら穴では、エゾモモンガ以外にもエゾシマリスやアカゲラなどの小動物や鳥が子育てをしたり、コウモリが生活に利用することもあります。

枝折れのほら穴

キツツキの空けたほら穴

水分がこおってさけたほら穴

Q8　エゾモモンガの活動時間はいつ?

A8　季節にもよりますが、基本的には日の入り30分後くらいから夜の間に活動し、日の出の30分前くらいには巣穴にもどってねむりにつきます。日中は一度トイレをしに出てくるくらいです。明るさに反応して活動するので、くもりや雨の日などはもっと早い時間に動き出すこともあります。例外は、エゾモモンガのすむ地域に天敵のエゾフクロウがすみ着いたとき。同じく夜行性のエゾフクロウをさけるため、エゾモモンガは日中に活動するようになるそうです。昼間の天敵(タカ、カラス、イタチなど)におそわれる危険の方が低いと判断しているのかもしれません。私も、エゾモモンガが青空の下で食事をする姿を見たことがあります。またメスよりもオスの数が多い場所では、繁殖期にはライバルに負けないよう、日中に活動することがあります。

Q9　エゾモモンガは、地面には降りないの?

A9　エゾモモンガは基本的には木の上で過ごす「樹上性」の生き物です。しかし、たまに地面や雪の上に降りることもあります。雪を食べたり、木の根元でにおいをかいでトイレをしたり。地面に落ちている食べ物を拾ってその場で食べることもあるようです。天敵におそわれるかもしれないのに、なぜ地面に降りるのか?　それはエゾモモンガたちに聞いてみないことにはわかりませんが、そこにはきっと、生きるための欲求があるのでしょう。

雪を食べているところ

木の根元ではいせつ中

エゾモモンガに一目惚れして、東京から北海道へ通い始めて8年が過ぎました。

出会ってから何年経っても、夢にまで見るほど毎日ひとりでにエゾモモンガのことを考えてしまいます。会いたくて会いたくて、時間ができればいつも北海道の森の中にいます。

夜行性の彼らについて知ることは容易でないけれど、新しい一面を目にするたびに一歩彼らに近づけたような気がして、うれしくてたまらなくなります。

ちいさくてまるいカタチのエゾモモンガ。

ちょこんと枝に座って、おおきな瞳でこちらをじっと見つめてきます。それに首でもかしげられれば、だれしもがきっととりこになってしまうでしょう、私のように。

エゾモモンガは日中に見かけることがあまりないため、もしかしたら身近に感じることはむずかしいかもしれません。しかし姿は見えなくても、エゾモモンガはいつも森のどこかにいます。

北海道の森へ出かけることがあったら、あなたもぜひエゾモモンガの気配を探してみてください。

原田佳実

こんな風に食い散らかした植物が落ちていたら、近くにエゾモモンガがいる証です！

原田佳実
【はらだ・よしみ】

1985年、東京生まれの東京育ち。大学では動物生殖学を専攻、細胞が好き。2016年に出会ったエゾモモンガに魅了され、日本のリス科動物の撮影を始める。以来、一年中リスたちに会いに行く日々を過ごしている。個展に「りすぱら」(ギャラリー・ナダール／2018年11月)、「りすだもん」(ソニーイメージングギャラリー銀座／2020年1月)、「ももんがたり」(OM SYSTEMギャラリー／2024年11月)。

Webサイト
https://www.yoshimiharada.com

デザイン	富澤祐次
編集	高橋佐智子
プリンティング・ディレクション	鈴木利行
協力	北川譲　佐野文男　志賀勇介
	繁田真由美　沼尻了憲　福田幸広

 命のつながり 8

森でつながる
エゾモモンガ

2024年11月20日　初版第1刷発行

著者	原田佳実
発行者	斉藤　博
発行所	株式会社 文一総合出版
	〒102-0074
	東京都千代田区九段南3-2-5 ハトヤ九段ビル4階
	Tel. 03-6261-4105　Fax. 03-6261-4236
	URL: https://www.bun-ichi.co.jp
振替	00120-5-42149
印刷所	奥村印刷株式会社

© Yoshimi Harada 2024　Printed in Japan
ISBNISBN978-4-8299-9022-3　NDC489　48P　B5判(182×257mm)